essentials

essentials liefern aktuelles Wissen in konzentrierter Form. Die Essenz dessen, worauf es als „State-of-the-Art" in der gegenwärtigen Fachdiskussion oder in der Praxis ankommt. *essentials* informieren schnell, unkompliziert und verständlich

- als Einführung in ein aktuelles Thema aus Ihrem Fachgebiet
- als Einstieg in ein für Sie noch unbekanntes Themenfeld
- als Einblick, um zum Thema mitreden zu können

Die Bücher in elektronischer und gedruckter Form bringen das Expertenwissen von Springer-Fachautoren kompakt zur Darstellung. Sie sind besonders für die Nutzung als eBook auf Tablet-PCs, eBook-Readern und Smartphones geeignet. *essentials:* Wissensbausteine aus den Wirtschafts-, Sozial- und Geisteswissenschaften, aus Technik und Naturwissenschaften sowie aus Medizin, Psychologie und Gesundheitsberufen. Von renommierten Autoren aller Springer-Verlagsmarken.

Weitere Bände in der Reihe http://www.springer.com/series/13088

Irasianty Frost

Einfache lineare Regression

Die Grundlage für komplexe Regressionsmodelle verstehen

Irasianty Frost
München, Bayern, Deutschland

ISSN 2197-6708 ISSN 2197-6716 (electronic)
essentials
ISBN 978-3-658-19731-5 ISBN 978-3-658-19732-2 (eBook)
https://doi.org/10.1007/978-3-658-19732-2

Die Deutsche Nationalbibliothek verzeichnet diese Publikation in der Deutschen Nationalbibliografie; detaillierte bibliografische Daten sind im Internet über http://dnb.d-nb.de abrufbar.

Springer VS

Gedruckt auf säurefreiem und chlorfrei gebleichtem Papier

Springer VS ist Teil von Springer Nature
Die eingetragene Gesellschaft ist Springer Fachmedien Wiesbaden GmbH
Die Anschrift der Gesellschaft ist: Abraham-Lincoln-Str. 46, 65189 Wiesbaden, Germany

Was Sie in diesem *essential* finden können

- Eine verständliche Einführung in die einfache lineare Regression
- Wie die Regressionsgerade geschätzt wird
- Wie die Modelldiagnose durchgeführt werden kann
- Wie Korrelations- und Determinationskoeffzienten adäquat interpretiert werden
- Wie eine Regressionsgerade als Prognoseinstrument eingesetzt werden kann

Inhaltsverzeichnis

1 Einführung

Lassen sich die wiederholt guten Ergebnisse singapurischer Schüler in internationalen Schulvergleichen durch die harte Arbeit der Kinder erklären? Durch den Ehrgeiz der Eltern? Durch gut ausgebildete Lehrer? Durch innovative Methoden? Spielen womöglich alle Faktoren zusammen eine Rolle?[1]

Mit Regressionsmodellen können Forscher Fragen dieser oder ähnlicher Art nachgehen, den Beitrag der einzelnen Faktoren quantifizieren und eventuell Prädiktoren für beispielsweise den Schulerfolg identifizieren. Eine besondere Form der Regression ist die *lineare*. Damit modelliert man den Einfluss einer oder mehrerer Variablen auf einer Zielvariablen durch eine lineare Funktion. Der simpelste Vetreter dieser Modellklasse ist die *einfache* lineare Regression, in der eine einzige Einflussgröße berücksichtigt wird. Für die Praxis mag dieses Modell eingeschränkt einsetzbar sein. Als Grundlagen zum Verständnis komplexerer Modelle ist es jedoch wegen seiner Einfachheit gut geeignet.

Mit einer einfachen linearen Regression begann auch die Entstehungsgeschichte der Regressionsanalyse. Francis Galton (1822–1911), ein sehr vielseitig interessierter Wissenschaftler, beschäftigte sich unter anderem mit der Vererbung von Merkmalen der Elterngeneration an deren Nachkommen. In diesem Rahmen untersuchte er die Größen von Erbsen über zwei Generationen. Galton trug die Wertepaare der Eltern- und Nachkommengeneration auf ein x-y-Koordinatensystem ab, und stellte fest, dass er sie durch eine Gerade beschreiben konnte. Die Gerade zog er – nach eingehendem Studium der Daten – händisch. Für eine Berechnung der Geradensteigung aus den Daten reichten seine mathematischen Kenntnisse jedoch nicht aus. Dies gelang Karl Pearson (1857–1936) im Jahre 1896. Pearson erkannte, dass man so-

[1] Vgl. *Süddeutsche Zeitung*, Nr. 29, 4./5. Februar 2017.

I. Frost, *Einfache lineare Regression*, essentials,
https://doi.org/10.1007/978-3-658-19732-2_1

wohl die Steigung als auch den Korrelationskoeffizienten aus der Kovarianz berechnen kann. Ein lesenswerter Beitrag dazu ist *Galton, Pearson, and the Peas: A Brief History of Linear Regression for Statistics Instructors* von Jeffrey M. Stanton aus dem Jahre 2001. Die statistische Inferenz in der Regressionsanalyse geht entscheidend auf Arbeiten von Ronald A. Fisher (1890–1962) zurück. Fisher fand heraus, dass unter der Normalverteilung die Regressionskoeffizienten t-verteilt sind (Fisher 1922, 1934). Ihm ist es auch gelungen, Tests für den Korrelationskoeffizienten zwischen den Einfluss- und der Zielvariablen zu konstruieren.

Wir haben hier nur einige wenige Namen genannt. Tatsächlich beteiligten sich jedoch mehr Wissenschaftler an die Entwicklung der Regressionsanalyse. Um mehr zu erfahren, sind zum Beispiel die unterhaltsam geschriebenen Beiträge von John Aldrich (2005) *Fisher and Regression* oder *Fisher, Neyman, and the Creation of Classical Statistics* von Erich L. Lehmann (2011) zu empfehlen.

Dieses *essential* führt seine Leser Schritt für Schritt in die Thematik ein – von der Modellbildung bis zur Anwendung der gewonnenen Ergebnisse. Jeder Schritt wird durch ein Zahlenbeispiel verdeutlich. Die Zahlenbeispiele basieren durchgängig auf Daten der Körpergrößen von Vater-Sohn-Paaren. Diese sind dem Buch *Managerial Statistics* – mit dem freundlichen Einverständnis des Autors, Gerald Keller – entnommen (Keller 2009). Die Einführung im Kap. 1 und die Darstellung des Modells im Kap. 2 bilden den Auftakt. Kap. 3 stellt die Kleinsten-Quadrate-Methode als Instrument zur Schätzung der Modellparameter vor. Im Kap. 4 werden Verfahren vorgestellt, mit denen wir überprüfen können, ob die Modellvoraussetzungen nicht verletzt werden. Dabei beschränken wir uns auf grafische Methoden, da sie für unseren Zweck wegen der Einfachheit geeignet sind (andere, theoriebasierte Verfahren findet man zum Beispiel in Fahrmeir et al. 2009). Kap. 5 beschäftigt sich mit der statistischen Inferenz der Schätzungen. Dabei kommen statistische Testverfahren und Konfidenzintervalle zum Einsatz. Mit dem Korrelationskoffizienten im Kap. 6 wird eine Maßzahl für die Stärke des linearen Zusammenhangs zwischen den untersuchten Variablen gegeben. In demselben Abschnitt wird der Determinationskoeffizient besprochen, mit dem man den Anteil der durch das Modell erklärten Schwankungen der Zielvariablen messen kann. Kap. 7 führt vor, wie das entstandene Modell als ein Prognoseinstrument eingesetzt werden kann. Mit einer Zusammenfassung schließt Kap. 8 diese kurze Abhandlung ab.

Einfache lineare Regression 2

Wie bereits erwähnt, besteht das Hauptziel dieses *essentials* darin, die Basis der Regressionsmodelle zu vermitteln. Deshalb berücksichtigen wir in der Modellbildung lediglich eine einzige Einflussgröße. Zudem setzen wir voraus, dass sowohl die Einfluss- als auch die Zielvariable metrisch sind. Eine Modellierung von Fällen, in denen mehrere Einflussgrößen vorkommen, die Daten binär oder kategorial sind, baut in der Regel auf diesem Grundmodell auf. Das Buch *Regression* der Autoren Fahrmeir et al. (2009) gibt einen Überblick darüber.

Das Streudiagramm

Bevor ein Modell ausgewählt wird, sollte man sich ein grobes Bild von den Daten machen. Dadurch werden die ersten Gründe dafür gelegt, warum – in unserem Fall – ein linearer Ansatz infrage kommt. Einen ersten Eindruck von den Daten gewinnen wir, indem wir die erhobenen Datenpaare $(x_i, y_i),\ i = 1, 2, \ldots, n$ als Punkte auf einer x-y-Ebene darstellen. Wir erhalten ein *Streudiagramm* oder eine *Punktewolke*. Wenn die „Wolke" uns an eine schräg liegende Ellipse erinnert, können wir versuchen, die Daten durch eine lineare Funktion zu modellieren. Das bedeutet: Wir gehen von der Vorstellung aus, dass es zwischen den Variablen x und y in Wahrheit eine Abhängigkeit der Art $f(x) = a + bx$ mit $a, b \in \mathbb{R}$ gibt, welche aber durch nicht systematische oder Zufallsfehler überlagert wird, sodass nicht $(x_i, f(x_i))$ erscheinen, sondern (x_i, y_i), wobei $y_i = f(x_i) + Fehler$. Wir nehmen also an, dass Zufallsfehler dafür verantwortlich sind, dass die Werte nicht auf einer Geraden liegen, sondern um sie streuen.

Als Beispiel betrachten wir das Streudiagramm der bereits erwähnten Körpergrößen-Daten von $n = 400$ Vater-Sohn-Paaren (Keller 2009, Exercise 17.2,

I. Frost, *Einfache lineare Regression*, essentials,
https://doi.org/10.1007/978-3-658-19732-2_2

S. 550) in Abb. 2.1. Auf der x-Achse werden die Körpergrößen der Väter eingetragen, auf der y-Achse die der Söhne. Jeder einzelne Punkt (x_i, y_i) auf dem Streudiagramm vertritt die Körpergröße x_i des Vaters und die seines Sohnes y_i (in Inches). Die Punktewolke hat nahezu Ellipsenform mit einer positiven Neigung.

Deutlich zu erkennen ist der isolierte Punkt am unteren linken Rand der Ellipse. Die Ursache für einen solchen Ausreißer kann ein Mess- bzw. Übertragungsfehler sein; er kann aber auch einen tatsächlich vorgekommenden Wert darstellen. Um das festzustellen ist es üblich und angebracht, diesen Wert genauer unter die Lupe zu nehmen. Aus Platzgründen verfolgen wir dieses Thema hier nicht weiter und schließen diesen Wert einfach in die Berechnung mit ein.

Mit der Regressionsanalyse können wir die grundlegende wahre Funktion sicherlich nicht finden. Wir können jedoch mittels der von C.F. Gauß (1777–1855) entwickelten Methode der kleinsten Quadrate eine lineare Funktion finden, die die Beziehung zwischen diesen Variablen *am besten* beschreibt (siehe Kap. 3). Besitzen die Zufallsfehler gewisse stochastische Eigenschaften, sind Gütekriterien für das Modell möglich. Welche Eigenschaften die Zufallsfehler haben sollen, zeigt nachfolgender Abschnitt.

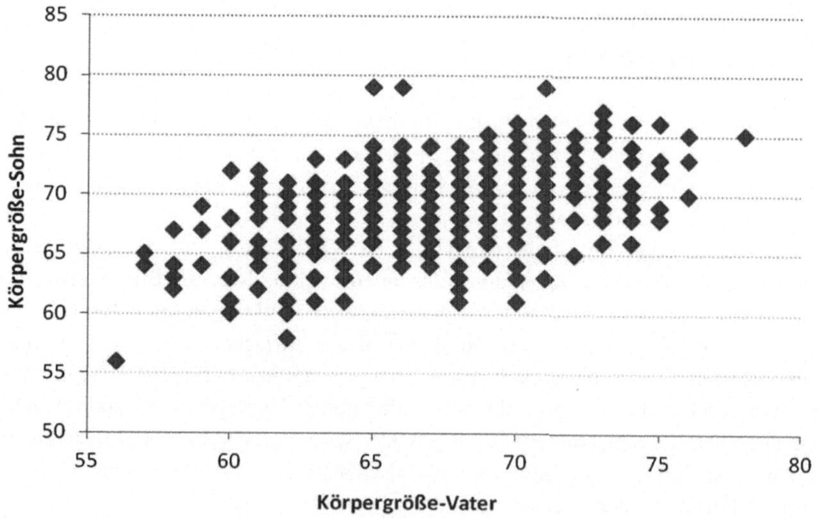

Abb. 2.1 Das Streudiagramm der Körpergrößen von Vater-Sohn-Paaren (in Inches)

Das lineare Regressionsmodell

Mit einem Modell wollen wir herausfinden, wie eine *Einflussvariable* x das Eintreten einer *Zielvariablen*[1] y erklären kann. Unter der Annahme, dass y von x linear abhängig ist, wird der Zusammenhang zwischen den Variablen durch eine lineare Funktion modelliert. Der Zusammenhang ist nicht deterministisch, sondern durch zufällige Fehler additiv überlagert; wir schreiben $y = a + bx + u, \;\; a, b \in \mathbb{R}$. Anders ausgedrückt, gilt für jede Beobachtung i die Modellgleichung

$$y_i = a + bx_i + u_i, \;\; a, b \in \mathbb{R}, \;\; i = 1, 2, \ldots, n.$$

Die Fehlervariablen u_i umfassen alle unsystematischen, zufälligen Fehler. Für $u_i, \; i = 1, 2, \ldots, n$, setzen wir voraus:

1. $E(u_i) = 0$
2. $Cov(u_i, u_j) = 0$ für $i \neq j$
3. $Var(u_i) = \sigma^2 < \infty$
4. Für die statistische Inferenz verlangt man zusätzlich, dass u_i normalverteilt sind mit $E(u_i) = 0$ und $Var(u_i) = \sigma^2$.

Sehen wir uns die einzelnen Voraussetzungen genauer an.

Der Erwartungswert[2] *von* u_i *ist gleich Null* in der Annahme 1 bedeutet, dass die Wirkung der Fehlervariablen sich im Mittel aufheben. Dies ist eine plausible

---

[1] Andere Bezeichnungen für Einflussvariablen sind Regressoren, unabhängige, erklärende oder exogene Variablen. Für die Zielvariable findet man alternative Bezeichnungen wie Regressand, abhängige, erklärte oder endogene Variable.

[2] Der Begriff *Erwartungswert* wurde von dem holländischen Physiker Christian Huygens (1629–1695) im Zusammenhang mit Glücksspielen eingeführt. Den erwarteten Gewinn (oder Verlust) eines Glücksspieles kann ein Spieler berechnen, indem er die Wahrscheinlichkeit eines jeden Spielausgangs mit dem Geldbetrag, den er gewinnen (oder verlieren) kann, multipliziert und anschließend alle Ergebnisse aufsummiert. Später wird der Begriff allgemeiner für Zufallsvariablen definiert. Sehr vereinfacht kann man sich den Erwartungswert einer Zufallsvariablen als den Mittelwert vorstellen, den die Zufallsvariable auf lange Sicht annehmen kann. Anzumerken ist jedoch, dass es Zufallsvariablen gibt, deren Erwartungswert nicht existiert. Das berühmteste Beispiel hierfür ist das von Nikolaus Bernoulli (1687–1759) vorgestellte Sankt Petersburger Spiel, bei dem ein Spieler eine unverfälschte Münze solange wirft, bis *Kopf* zum ersten Mal erscheint. Das Erscheinen von *Kopf* zum ersten Mal beendet auch das Spiel. Erscheint beim ersten Wurf *Kopf*, erhält der Spieler 2 Rubel (und das Spiel ist vorbei). Wenn das Ergebnis des ersten Wurfes *Zahl* und das des zweiten *Kopf* ist, erhält der Spieler 4 Rubel. Erscheint *Kopf* zum ersten Mal beim dritten Wurf, kann der Spieler mit einem Gewinn von 8 Rubel nach Hause gehen. Bei jedem weiteren Wurf verdoppelt sich also der Gewinn. Diese

Annahme für zufällige Fehler (zufällige Fehler sollen ja keinen systematischen Effekt mehr enthalten).

Die Kovarianz von zwei unterschiedlichen Störgrößen u_i *und* u_j *ist gleich Null* ist der Inhalt der zweiten Voraussetzung. Wegen $E(u_i) = 0$ für alle $i = 1, 2, \ldots, n$ ist eine Kovarianz gleicht Null gleichbedeutend mit der Unkorreliertheit der Variablen. Liegt eine Normalverteilung vor, bedeutet dies eine Unabhängigkeit der Störvariablen (zu *Korrelation* und *Unabhängigkeit* siehe Kap. 6). Korrelierte Störgrößen bedeuten, dass Abweichungen von der linearen Funktion nicht mehr zufällig sind. Eine Beobachtung wäre dann beispielsweise von der vorangegangenen abhängig.

Die dritte Voraussetzung garantiert die Existenz der Varianzen sowie ihre Eigenschaft, für alle $i = 1, 2, \ldots, n$ konstant gleich σ^2 zu sein. Diese Eigenschaft nennt man *Homoskedastizität*. Sind die Varianzen nicht konstant, heißen sie *heteroskedastisch* (Heteroskedastzität kommt insbesondere in Zeitreihendaten vor). Unter diesen Annahmen gilt für ein festes x:

$$E(y) = a + bx \quad \text{und} \quad Var(y) = \sigma^2$$

Die Gerade $a + bx$ modelliert somit den Erwartungswert der Zielvariablen y, also stellt sie eine Mittelgerade für y dar. Insbesondere ist y unter der Normalverteilungsannahme auch normalverteilt. Damit können wir Konfidenzintervalle bilden und statistische Tests durchführen.

In der oben angegebenen Modellgleichung sind die Koeffizienten a, b, die Fehlervariable u_i sowie die Varianz σ^2 unbekannt. Wir werden sie aus den Daten (x_i, y_i) schätzen. Davor geben wir die wichtigsten Datenkennzahlen an.

Kennzahlen zur Beschreibung von Daten

Die wichtigsten Kennzahlen sind das arithmetische Mittel und die Standardabweichung. Das arithmetische Mittel ist die Datensumme geteilt durch deren Anzahl. Wenn wir im Alltag von einem Durchschnitt sprechen, meinen wir eben das arithmetische Mittel[3]. Die Standardabweichung ist definiert als die Wurzel der mittleren quadratischen Abweichung der Daten von ihrem arithmetischen Mittel und kann als

(Fortsetzung 2 continued)
Spielregel führt zu einem unendlich hohen Gewinn. Denn der Erwartungswert des Gewinns ergibt sich gemäß: $E(G) = \frac{1}{2} \cdot 2 + \frac{1}{4} \cdot 4 + \frac{1}{8} \cdot 8 + \ldots = 1 + 1 + 1 + \ldots = \infty$.

[3] In der Datenanalyse existieren weitere Kennzahlen, die Durchschnittswerte darstellen, etwa der Modalwert (die häufigste Beobachtung) oder der Median (der die Daten in zwei Hälften teilt).

eine Maßzahl für die durchschnittliche Streuung der Daten um ihren arithmetischen Mittelwert angesehen werden.

Wenn wir die Daten mit $x_1, x_2, \ldots, x_n$ bezeichnen, symbolisiert traditionsgemäß $\bar{x}$ das arithmetische Mittel, s_x^2 die mittlere quadratische Abweichung und $s_x = \sqrt{s_x^2}$ die Standardabweichung der Variablen x (entsprechend für y). Formal berechnen wir $\bar{x}$ sowie s_x^2 gemäß:

$$\bar{x} = \frac{1}{n}\sum_{i=1}^{n} x_i \qquad s_x^2 = \frac{1}{n}\sum_{i=1}^{n}(x_i - \bar{x})^2$$

Zudem geben der größte und der kleinste Wert die Spannweite der Beobachtungen an (auf mögliche Ausreißer achten!). Nützlich sind auch der Median, der eine aufsteigend geordnete Datenreihe in zwei Hälften aufteilt sowie das untere und das obere Quartil, Q_1 und Q_3. Die Quartile werden ebenso für eine aufsteigend geordnete Datenreihe bestimmt. Ein Viertel der Daten liegen unterhalb und drei Viertel oberhalb von Q_1. Das obere Quartil teilt umgekehrt die Daten in drei Viertel unterhalb und in ein Viertel oberhalb von Q_3 auf.

Im Streudiagramm markiert der Punkt $(\bar{x}, \bar{y})$ das Zentrum der Daten $(x_i, y_i), i = 1, 2, \ldots, n$. Die Streuung um dieses Zentrum gibt die Kovarianz

$$s_{xy} = \frac{1}{n}\sum_{i=1}^{n}(x_i - \bar{x})(y_i - \bar{y})$$

an. Je heterogener die Werte sind, desto größer wird betragsmäßig die Kovarianz (im Gegensatz zu s^2, das niemals negativ wird, kann s_{xy} positiv oder negativ sein).

Für unsere Beispieldaten zeigt Tab. 2.1 die zugehörigen Kennzahlen (gerundet).

Tab. 2.1 Kennzahlen der Körpergrößen (Inches) der Väter bzw. der Söhne

Körpergröße	Min	Q_1	Median	Q_3	Max	Arithm. Mittel	Standardabweichung
Vater	56	64	67	70	78	67,14	4,05
Söhne	56	66	69	71	79	68,70	3,76

All diese Werte zeigen, dass beide Gruppen sehr ähnlich strukturiert sind; insbesondere erkennen wir, dass die Väter und die Söhne im Mittel nahezu gleich groß mit etwa gleicher Standardabweichung sind (im Mittel sind die Väter 67,14 und die Söhne 68,70 Inches groß; die Standardabweichungen betragen 4,05 bzw. 3,76 Inches; auch sind die anderen Kennzahlen ähnlich groß). Die Kovarianz ist $s_{xy} = 7{,}87$.

3 Schätzung der Modellparameter

Grundsätzlich gibt es unendlich viele Geraden, die durch die Punktewolke gehen. Welche ist für die Modellierung der Daten die „Beste"? Nach der Methode der kleinsten Quadrate gilt eine Gerade als die Beste, wenn ihre Koeffizienten folgende Funktion (von a und b) minimieren:

$$\sum_{i=1}^{n} u_i^2 = \sum_{i=1}^{n} (y_i - a - bx_i)^2 \longrightarrow \min_{a,b}$$

Nach dem üblichen Verfahren zur Bestimmung von Extremwerten gelangen wir zu den Lösungen (ausführlichere Beschreibung dazu finden Leser zum Beispiel in Frost 2015, S. 78):

$$\hat{b} = \frac{s_{xy}}{s_x^2} = \frac{\sum(x_i - \bar{x})(y_i - \bar{y})}{\sum(x_i - \bar{x})^2} \qquad \text{und} \qquad \hat{a} = \bar{y} - \hat{b}\bar{x}$$

Zur Schreibweise: Das Dach ^ über b bzw. über a weist darauf hin, dass es sich um Schätzer für die unbekannten Modellparameter b und a handelt. $\hat{b}$ und $\hat{a}$ nennt man auch *Kleinst-Quadrate-*, kurz *KQ-Schätzer*.

Die Gerade $\hat{y} = \hat{a} + \hat{b}x$ heißt *Regressionsgerade* und die Werte $\hat{y}_i$ auf der Regressionsgeraden nennt man *Regressionswerte*. Regressionswerte sind somit Schätzwerte für $E(y_i) = a + bx_i$, formal schreiben wir

$$\widehat{E(y_i)} = \hat{y}_i = \hat{a} + \hat{b}x_i .$$

Aus der Bestimmungsgleichung für $\hat{a}$ erkennen wir, dass die Regressionsgerade immer durch den Schwerpunkt $(\bar{x}, \bar{y})$ verläuft. Sind die Daten zentriert (das heißt: $\bar{x} = 0$ und $\bar{y} = 0$) verläuft die Gerade durch den Koordinatenursprung.

I. Frost, *Einfache lineare Regression*, essentials,
https://doi.org/10.1007/978-3-658-19732-2_3

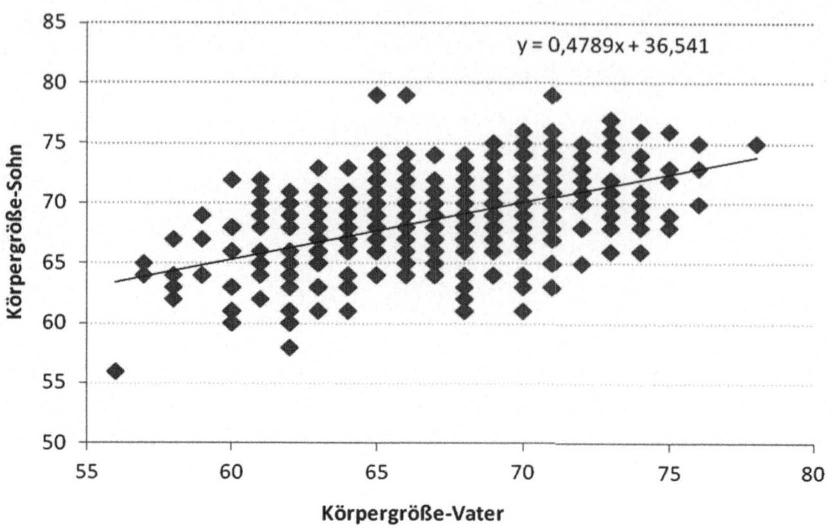

Abb. 3.1 Das Streudiagramm der Körpergrößen von Vater-Sohn-Paaren (in Inches) mit der Regresssionsgeraden

Für die Körpergrößen von $n = 400$ Vater-Sohn-Paaren erhalten wir die (gerundeten) Schätzungen $\hat{a} = 36{,}54$ und $\hat{b} = 0{,}48$. Folglich lautet die Regressionsgerade (siehe Abb. 3.1)

$$\hat{y}_i = 36{,}54 + 0{,}48 x_i .$$

Gemäß dieser Gleichung verändert sich die Körpergröße des Sohnes durchschnittlich um fast 0,5 Inches, wenn die Körpergröße des Vaters sich um 1 Inch verändert.

Stochastische Eigenschaften von $\hat{b}$ und $\hat{a}$

Mit den Schätzfunktionen $\hat{b}$ bzw. $\hat{a}$ werden die Parameter b und a im Mittel weder über- noch unterschätzt. Statistiker sprechen von *erwartungstreuen* oder *unverzerrten* Schätzern und schreiben dafür kurz:

$$E(\hat{b}) = b \quad \text{bzw.} \quad E(\hat{a}) = a$$

Der Beweis ist nicht schwierig und in vielen gängigen Lehrbüchern zu finden (zum Beispiel in Schira 2009 oder Johnston[1] 1963). Ebenso ohne Beweis geben wir an, dass der KQ-Schätzer *effizient* ist, das heißt: Unter allen unverzerrten Schätzern besitzt der KQ-Schätzer die kleinste Varianz. Diese Eigenschaft ist für einen Schätzer natürlich sehr wünschenswert, bedenken wir, dass die Varianz das Ausmaß von Schwankungen misst. Nachfolgend geben wir die Varianz $\sigma^2_{\hat{b}}$ von $\hat{b}$ bzw. $\sigma^2_{\hat{a}}$ von $\hat{a}$ an:

$$\sigma^2_{\hat{b}} = \frac{\sigma^2}{\sum_{i=1}^{n}(x_i - \bar{x})^2} \qquad \sigma^2_{\hat{a}} = \frac{\sigma^2 \sum_{i=1}^{n} x_i^2}{n \sum_{i=1}^{n}(x_i - \bar{x})^2}$$

Wenn die Störvariablen normalverteilt sind, ist $\hat{b}$ normalverteilt mit dem Erwartungswert b und der Varianz $\sigma^2_{\hat{b}}$. Ebenso ist $\hat{a}$ unter derselben Voraussetzung normalverteilt mit den Parametern $E(\hat{a}) = a$ und $Var(\hat{a}) = \sigma^2_{\hat{a}}$. Die Normalverteilung erlaubt schließlich die Bildung von Konfidenzintervallen und die Durchführung von statistischen Tests (siehe Kap. 5).

Der dritte zu schätzende Parameter ist die Fehlervarianz σ^2. Als Grundlage für die Schätzung von σ^2 dienen die Abweichungen zwischen den Beobachtungen und den Regressionswerten $y_i - \hat{y}_i$, *Residuen* (Einzahl: Residuum, von lat. *Rest*) genannt. Diese lassen sich als Realisierungen der Fehlervariablen u_i auffassen. Dafür schreiben wir $\hat{u}_i$. Mit den Residuen schätzen wir σ^2 gemäß:

$$\hat{\sigma}^2 = \frac{1}{n-2} \sum_{i=1}^{n} (\hat{u}_i - \bar{\hat{u}})^2 = \frac{1}{n-2} \sum_{i=1}^{n} \hat{u}_i^2$$

Die zweite Gleichung gilt, da $\bar{\hat{u}} = 0$ und es gilt $E(\hat{\sigma}^2) = \sigma^2$.

Nachdem wir Schätzfunktionen für a, b sowie σ^2 gewonnen haben, können wir theoretisch jetzt einen x-Wert vorgeben und einen Prognosewert für den Erwartungswert der Zielvariablen bestimmen. Da ein Modell jedoch stets an Voraussetzungen gebunden ist, wollen wir im nachfolgenden Kapitel zunächst überprüfen, ob die Modellannahmen nicht verletzt sind.

[1] Dieses Buch ist zwar über ein halbes Jahrhundert alt, ist aber wegen seiner Klarheit und Verständlichkeit weiterhin empfehlenswert.

Überprüfung der Modellannahmen 4

Ein Modell kann niemals die Realität vollständig abbilden. Mit einem gut angepassten Modell können wir jedoch ein Phänomen in der Gesellschaft oder in der Naturwissenschaft erklären oder auch eine Prognose erstellen. Die Güte der Anpassung hängt insbesondere davon ab, ob die erforderlichen Modellvoraussetzungen – in unserem Fall sind es Homoskedastizität, Unkorreliertheit und Normalverteilung – erfüllt sind. Wie können wir erkennen, dass die Daten diese nicht verletzen?

Die genannten Voraussetzungen werden von den Fehlervariablen $u_i = y_i - (a + bx_i)$ getragen, und diese werden wiederum durch die Residuen $\hat{u}_i = y_i - \hat{y}_i$ geschätzt. Die Residuen müssten somit ähnliche Eigenschaften wie u_i besitzen, läge das Modell vor. Da die KQ-Schätzer $\hat{a}$ und $\hat{b}$ erwartungstreu für a bzw. für b sind, gilt $E(\hat{y}_i) = E(y_i)$. Daraus folgt $E(\hat{u}_i) = 0$ (im Mittel sind die Residuen also wie der Fehlerterm gleich Null). Im Allgemeinen sind die Residuen jedoch weder homoskedastisch, noch sind sie unkorreliert (siehe Fahrmeir et al. 2009, S. 108). Deshalb sind sie zur Überprüfung der Homoskedastizität und der Unkorreliertheit weniger geeignet. Besser verwendet man stattdessen die sogenannten *standardisierten Residuen*. Diese erhalten wir durch Division der Residuen durch die geschätzte Standardabweichung (mit der Analyse-Funktion **Regression** in Excel kann man die standardisierten Residuen mit ausgeben lassen).

Überprüfung der Homoskedastizität

Homoskedastische Störvariablen bedeutet, dass die Varianz von u_i für alle $i = 1, 2, \ldots, n$ konstant gleich σ^2 ist. Sie hängt weder von der endogenen noch von der exogenen Variablen ab. Einen Hinweis auf Homoskedastizität erhalten wir grafisch, indem wir die Regressionswerte $\hat{y}_i$ auf der x-Achse und die entsprechenden standardisierten Residuen auf der y-Achse abtragen. Schwanken die Residuen regellos um die x-Achse und bleibt ihre Variabilität in einer ungefähr gleichen Band-

I. Frost, *Einfache lineare Regression*, essentials,
https://doi.org/10.1007/978-3-658-19732-2_4

breite, können wir von einem konstanten σ^2 ausgehen. Zeigen sie ein Muster wie etwa eine trichterförmige, nach rechts (oder nach links) offene Punktewolke, liegt vermutlich eine Heteroskedastizität vor.

Der Residuenplot der Vater-Sohn-Daten ist in Abb. 4.1 zu finden. In dem mittleren Bereich, wo die Werte größtenteils liegen, schwanken die Residuen in einer nahezu gleichen Größenordnung um die x-Achse. An den Rändern, wo die Väter eher klein bzw. eher groß sind, ist das Ausmaß der Streuung etwas geringer. Allerdings befinden sich dort auch weniger Beobachtungen. Da der mittlere Bereich überwiegt, gehen wir davon aus, dass die Annahme der Homoskedastizität nicht verletzt ist.

Ein nicht grafisches Verfahren zur Aufdeckung von Heteroskedastizität ist beispielsweise der *Breusch-Pagan-Test*. Eine Besprechung dieser Methode würde hier jedoch den Rahmen sprengen. Leser können sie beispielsweise in Fahrmeir et al. (2009) und in der dort angegebenen Literatur nachlesen. Ebenso zu finden sind in dem genannten Buch weitere Vorgehensweise bei Heteroskedastizität.

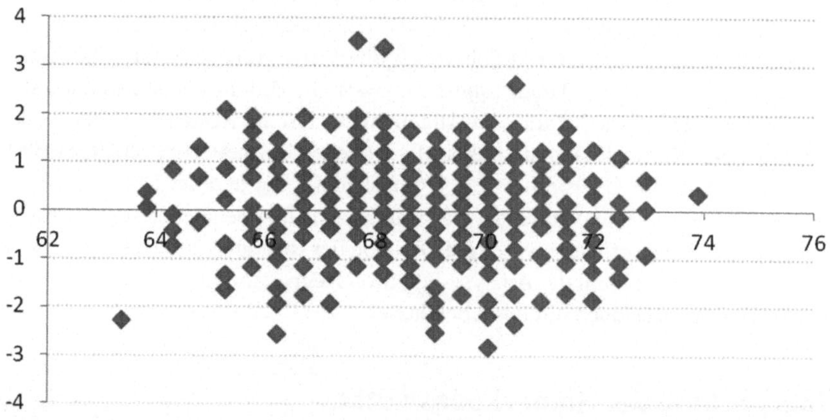

Abb. 4.1 Auf der y-Achse werden die standardisierten Residuen und auf der x-Achse die geschätzten Körpergröße der Söhne abgetragen. Es ist kein Muster zu erkennen, was als Zeichen für eine konstante Varianz gedeutet werden kann

Überprüfung der Unkorreliertheit

Gemäß der Annahme 2 dürfen die Fehlervariablen miteinander nicht korrelieren. Mit anderen Worten: Sie dürfen keinen systematischen Einfluss (weder auf x noch auf y) ausüben. Hinweise darauf kann das Streudiagramm der standardisierten Residuen im zeitlichen Ablauf liefern. Verlaufen sie regellos um Null, können wir davon ausgehen, dass die Fehlervariablen unkorreliert sind.

Eine Korrelation zwischen den Fehlervariablen kann ein Hinweis auf eine Nichtlinearität oder auf eine Nichtbeachtung weiterer erklärender Variablen sein. Besonders häufig trifft man in Zeitreihendaten auf die sogenannte Autokorrelation. Damit bezeichnet man Fehlervariablen, die über die Zeit miteinander korrelieren. Autokorrelation kann man auch mithilfe des *Durbin-Watson-Tests* aufdecken.

Für die Vater-Sohn-Daten stellen wir den Verlauf der Residuen in Abb. 4.2 dar. Der Verlauf zeigt kein auffälliges Verhalten der Residuen, sodass wir annehmen dürfen, dass zwischen den Fehlervariablen keine Korrelation besteht.

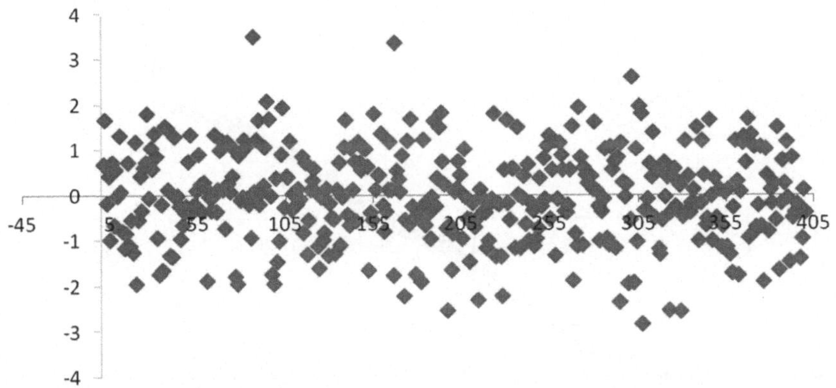

Abb. 4.2 Standardisierte Residuen der Vater-Sohn Daten streuen nahezu regellos mit einer konstanten Bandbreite um die x-Achse. Wir können davon ausgehen, dass die Fehlervariablen unkorreliert sind

Überprüfung der Normalverteilungsannahme

Die wichtigste Voraussetzung für die statistische Inferenz ist die (näherungsweise) Normalverteilung der Fehlervariablen. Eine Möglichkeit zu überprüfen, ob eine Normalverteilung vorliegt, ist die grafische Methode der *Normal-Quantil-Plots*. Die Idee dahinter ist, dass man die Quantile der Häufigkeitsverteilung der Daten mit den Quantilen der Normalverteilung vergleicht. Man trägt die entsprechenden Quantilpaare auf einem x-y-Koordinatensystem ab. Liegen diese auf einer Winkelhalbierenden, sind die Daten normalverteilt (natürlich würde man in der Praxis kaum eine perfekte Gerade mit 45 Grad Steigung bekommen).

Unserem Ziel folgend vergleichen wir für die Vater-Sohn-Daten die Quantile ihrer standardisierten Residuen mit den entsprechenden Quantilen der Standardnormalverteilung. Die Grafik dazu zeigt Abb. 4.3. Auf der vertikalen Achse finden wir die Quantile der standardisierten Residuen und auf der horizontalen die entsprechenden Quantile der Standardnormalverteilung. Bis auf drei größere Abweichungen am oberen Ende des Plots ist der Verlauf eher unauffällig.

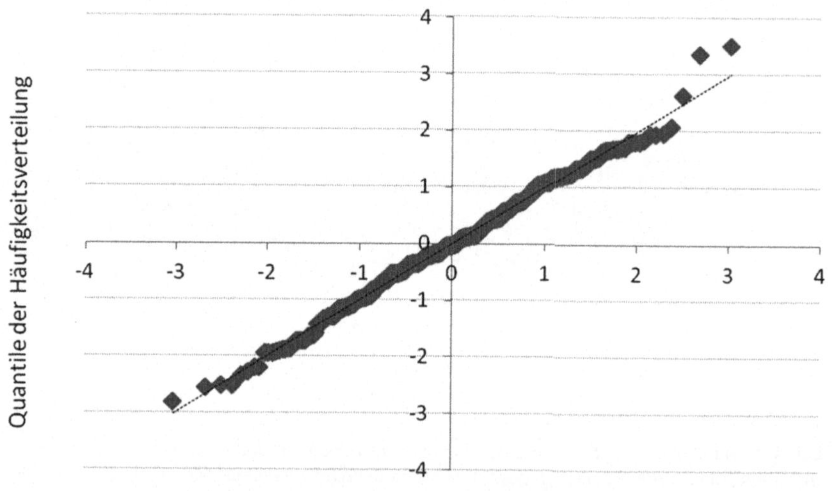

Abb. 4.3 Normal-Quantil-Plot der Residuen

Tests und Konfidenzintervalle

5

Ein Modell ist nur dann zuverlässig, wenn dessen Prämissen nicht verletzt sind. Mithilfe von Residualanalysen haben wir, wie im vorangegangenen Kapitel gezeigt wurde, mögliche Abweichungen von den Modellannahmen identifizieren können. Nun wollen wir statistisch überprüfen, ob die exogene Variable *überhaupt* einen Beitrag zur Erklärung der endogenen Variablen leistet. Die Vorgehensweise setzt voraus, dass die Normalverteilung (zumindest näherungsweise) erfüllt ist. Davon gehen wir in diesem Kapitel aus. Bevor wir damit beginnen, wiederholen wir kurz den Zusammenhang zwischen der Normal- und der t-Verteilung.

Normal- und Student-t-Verteilung

Betrachten wir eine normalverteilte Population X mit $E(X) = \mu$ und $Var(X) = \sigma^2$. Aus dieser Population werde eine Zufallsstichprobe $X_1, X_2, \ldots, X_n$ gezogen. Bekanntlich ist das Stichprobenmittel $\bar{X} = \sum X_i/n$ ebenso normalverteilt mit demselben Erwartungswert μ und der Varianz σ^2/n. Folglich ist $\frac{\bar{X}-\mu}{\sigma}\sqrt{n}$ standardnormalverteilt. Ersetzen wir σ durch dessen Schätzer $S = \sqrt{\sum(X_i - \bar{X})^2/(n-1)}$, dann gilt: $\frac{\bar{X}-\mu}{S}\sqrt{n}$ ist t-verteilt mit $n-1$ Freiheitsgraden.

Im Kap. 3 haben wir festgestellt, dass unter der Normalverteilung der KQ-Schätzer $\hat{b}$ normalverteilt ist mit dem Erwartungswert $E(\hat{b}) = b$ und der Varianz $\sigma_{\hat{b}}^2 = \sigma^2/\sum(x_i - \bar{x})^2$. Das heißt: $(\hat{b} - b)/\sigma_{\hat{b}}$ ist standardnormalverteilt. Wenn wir das unbekannte σ durch $\hat{\sigma} = \sqrt{\sum \hat{u}_i^2/(n-2)}$ ersetzen, gilt: $(\hat{b} - b)/\hat{\sigma}_{\hat{b}}$ ist t-verteilt mit $n-2$ Freiheitsgraden. Nach den gleichen Überlegungen ist $(\hat{a} - a)/\hat{\sigma}_{\hat{a}}$ ebenso t-verteilt mit der gleichen Anzahl an Freiheitsgraden $n-2$.

I. Frost, *Einfache lineare Regression*, essentials,
https://doi.org/10.1007/978-3-658-19732-2_5

Testen der Steigung

Ein fehlender Erklärungsbeitrag kommt in einem linearen Modell darin zum Ausdruck, dass die Steigung der Regressionsgeraden gleich Null ist (die Zielvariable bleibt nahezu konstant, gleichgültig wie die Werte der exogenen Variablen schwanken).

Als Nullhypothese formuliert, lautet dies $H_0\colon b = 0$. Die zugehörige Testgröße

$$T_b = \frac{\hat{b}}{\hat{\sigma}_{\hat{b}}}$$

ist unter der Nullhypothese t-verteilt mit $n - 2$ Freiheitsgraden. Wenn der p-Wert[1] „klein" ist, verwerfen wir die Nullhypothese. Wann ein p-Wert als klein gelten kann, bestimmt der Anwender, indem er einen Schwellenwert vorgibt, den der p-Wert nicht überschreiten darf. R.A. Fisher, der maßgeblich an der Entwicklung dieser Methode beteiligt war, bevorzugt einen Schwellenwert von 0,05, ergänzt jedoch (Fisher 1926, S. 85):

> If one in twenty does not seem high enough odds, we may, if we prefer it, draw the line at one in fifty (the 2 per cent. point), or one in a hundred (the 1 per cent. point).

Grundsätzlich soll der Anwender an dieser Stelle in der Lage sein zu sagen: Entweder kann x zur Erklärung von y beitragen oder ein Zufallsergebnis ist eingetreten. In Fishers Worten (ebd.):

> for it is convenient to draw the line at about the level at which we can say: „Either there is something in the treatment, or a coincidence has occured ..."

Hat man einen inhaltlich begründeten hypothetischen Wert $b_0 \neq 0$ für die Steigung, kann die Nullhypothese zu $H_0\colon b = b_0$ angepasst werden. Die Teststatistik ändert sich entsprechend zu $T_b = \frac{\hat{b} - b_0}{\hat{\sigma}_{\hat{b}}}$.

Auf die gleiche Art und Weise können wir die Hypothese $H_0\colon a = 0$ (die Gerade geht durch den Koordinatenursprung) testen. Die zugehörige Teststatistik $T_a = \frac{\hat{a}}{\hat{\sigma}_{\hat{a}}}$ ist unter der Nullhypothese ebenso Student-t-verteilt mit $n - 2$ Freiheitsgraden.

Übernehmen wir Fishers Signifikanzgrenze von 0,05, zeigt sich, dass die Steigung der Regressionsgeraden der Vater-Sohn-Daten signifikant ungleich Null ist ($t_b \approx 12{,}03$, p-Wert $1{,}25 \times 10^{-28}$). Ebenso signifikant von Null verschieden ist

[1] Der p-Wert ist die Wahrscheinlichkeit für $|T_b| > t_b$, wenn H_0 vorliegt. Dabei stellt t_b die Realisation von T_b dar.

der Achsenabschnitt ($t_a \approx 13{,}64$, p-Wert $4{,}94 \times 10^{-35}$). Wir können also davon ausgehen, dass die Unterschiede in den Körpergrößen der Söhne durch die Unterschiede in den Körpergrößen ihrer Väter erklärbar sind.

Konfidenzintervalle

Zusätzlich zum Test können wir für jeden der Koeffizienten ein Konfidenzintervall bilden. Ein Konfidenzintervall ist ein Schätzer für einen unbekannten Parameter. Es enthält glaubwürdige Werte für den zu schätzenden Parameter. Für das Konfidenzintervall für b betrachten wir $(\hat{b} - b)/\hat{\sigma}_{\hat{b}}$. Wie wir bereits gesehen haben, ist dieser Ausdruck t-verteilt mit $n - 2$ Freiheitgraden. Deshalb wissen wir, dass

$$P\left(-c < \frac{\hat{b} - b}{\hat{\sigma}_{\hat{b}}} < c\right) = 1 - \alpha$$

gilt. Dabei steht c für das $1 - \alpha/2$-Quantil der t-Verteilung mit $n - 2$ Freiheitsgraden. Aus den Ungleichungen zwischen den Klammern erhalten wir das $(1 - \alpha)$-Konfidenzintervall für b:

$$\left[\hat{b} - c \cdot \hat{\sigma}_{\hat{b}};\ \hat{b} + c \cdot \hat{\sigma}_{\hat{b}}\right]$$

Entsprechend lautet das $(1 - \alpha)$-Konfidenzintervall für a:

$$\left[\hat{a} - c \cdot \hat{\sigma}_{\hat{a}};\ \hat{a} + c \cdot \hat{\sigma}_{\hat{a}}\right]$$

Den Faktor c bestimmen wir wie oben.

Für die Vater-Sohn-Daten geben wir das Konfidenzniveau von 0,95 vor. Zu diesem Niveau lautet das Konfidenzintervall für die Steigung b: [0,4006; 0,5572] und für den Achsenabschnitt a: [31,2753; 41,8074]. Diese Konfidenzintervalle beinhalten plausible Werte für b bzw. für a. Ausführliches zum Konfidenzintervall finden Leser u. a. in Fahrmeir et al. (2011), Frost (2015), Rüger (1996).

6 Korrelations- und Determinationskoeffizient

Mittels der Kleinsten-Quadrate-Methode haben wir die Regressionsgerade $\hat{a} + \hat{b}x$ bestimmt. Diese Gerade modelliert den Erwartungswert $E(y)$ der Zielvariablen. Darauf liegen die Schätzungen für $E(y_i)$ in Abhängigkeit von x_i. Um die gewonnene Gerade als ein zuverlässiges Prognoseinstrument anwenden zu können, haben wir überprüft, ob die Annahmen nicht verletzt sind (ausführlicher zu Prognose in Kap. 7). Mit statistischen Tests stellen wir fest, ob die exogene Variable x das Eintreten der endogenen Variablen y erklären kann. Trägt x zur Erklärung von y bei, so hat die Regressionsgerade eine positive oder eine negative Steigung. Die Steigung ist positiv (negativ), wenn große x-Werte tendenziell mit großen (kleinen) y-Werten einhergehen; zwischen den Variablen besteht eine positive (negative) Korrelation. Je stärker die Korrelation zwischen den Variablen ist, desto zuverlässiger wird eine Prognose für y, wenn ein x-Wert vorgegeben wird. Eine Maßzahl für die Stärke eines linearen Zusammenhangs ist der Produkt-Moment-Korrelationskoeffizient ρ, der Werte zwischen -1 und $+1$ annehmen kann. Die Extremwerte $\rho = -1$ oder $\rho = +1$ deuten auf einen perfekten linearen Zusammenhang hin. In diesem Fall gilt für jedes x_i exakt $y_i = a + bx_i$. Es gibt also keine Störgröße bzw. keinen Fehler. Diese deterministische Beziehung kommt in statistischen Daten praktisch nicht vor. Ein $\rho = 0$ bedeutet, dass x und y *linear*[1] unabhängig (unkorreliert) sind. Wenn

[1]Gleichwohl kann eine andere Abhängigkeit herrschen, zum Beispiel eine quadratische. In diesem Fall sind sie unkorreliert, aber nicht unabhängig. Nur wenn die Variablen normalverteilt sind, folgt aus der Unkorreliertheit die Unabhängigkeit und umgekehrt. Ohne die Normalverteilung kann man im Allgemeinen aus der Unkorreliertheit nicht die Unabhängigkeit folgern.

I. Frost, *Einfache lineare Regression*, essentials,
https://doi.org/10.1007/978-3-658-19732-2_6

eine Variable x als Einfluss- oder als Erklärungsvariable für eine andere Variable y verwendet wird, soll zwischen ihnen sinnvollerweise eine Korrelation bestehen. Deshalb überprüft man im Rahmen einer Modelldiagnose die Hypothese $H_0{:}\rho = 0$. Wieder dank Fisher (1934) wissen wir, dass unter der Normalverteilung und unter der Nullhypothese die Test-Statistik

$$T_\rho = r\sqrt{\frac{n-2}{1-r^2}}$$

t-verteilt ist mit $n-2$ Freiheitsgraden. Dabei ist $r = \frac{s_{xy}}{s_x s_y}$, der empirische Korrelationskoeffizient. Die Vater-Sohn-Daten zeigen eine Korrelation von $r \approx 0{,}52$, die zu $t_\rho \approx 12{,}026$ führt. Der p-Wert (die Wahrscheinlichkeit für $|T_\rho| > 12{,}026$, wenn $\rho = 0$ gilt) beträgt ca. $1{,}25 \times 10^{-28}$, also praktisch null. Dieses Ergebnis lässt die Annahme zu, dass zwischen der Körpergröße der Söhne und denen der Väter eine Korrelation besteht.

Determinationskoeffizient

Hat man einen signifikanten Beitrag der endogenen Variablen x zur Erklärung der Zielvariablen y festgestellt, kann man die Höhe des Beitrages quantifizieren. Die Maßzahl dafür heißt *Determinationskoeffizient.* Genauer gibt der Determinationskoeffizient den Anteil der Variationen von y an, der durch den linearen Einfluss von x erklärbar ist.

Hergeleitet wird diese Maßzahl aus der Tatsache, dass die gesamte Varianz von y (also die Gesamtheit der gemessenen Unterschiede in den y-Werten) sich in zwei additive Teilvarianzen zerlegen lässt. Ein Teil umfasst die durch die Regression erklärte Varianz, und der andere Teil enthält die unerklärte Restvarianz, kurz $SST = SSR + SSE$. Dabei stehen SST für **S**um of **S**quares for **T**otal, die gesamten Variationen der endogenen Variablen, SSR für **S**um of **S**quares for **R**egression, die Variationen der Regressionswerte, und SSE für **S**um of **S**quares for **E**rror, welches die restlichen durch das Modell nicht erklärten Variationen von y umfasst. Wie die drei Komponenten mathematisch ausgedrückt werden können, findet man in Standardlehrbüchern (etwa Fahrmeir et al. 2011, Frost 2015).

Statistische Programmpakete wie etwa SPSS (aber auch Excel) geben diese Größen in der ANOVA-Tabelle als *Quadratsumme Regression*, *Quadratsumme Residuen* und *Quadratsumme Gesamt* aus. Der Determinationskoeffizient wird als *R-Quadrat* deklariert, und dieser ergibt sich aus dem Quotienten zwischen der *Quadratsumme Regression* und *Quadratsumme Gesamt*, kurz: $R^2 = \frac{SSR}{SST}$. Die Bezeichnung *R-Quadrat* beruht auf der Tatsache, dass im einfachen Modell mit einer einzigen Einflussgröße sich der Determinationskoeffizient aus dem Quadrat des Korrelationskoeffizienten berechnen lässt.

Für R^2 gilt $0 \leq R^2 \leq 1$. Wir dürfen eine bessere Prognosequalität erwarten, je näher der Determinationskoeffizient an der Eins liegt. Könnte man die gesamten Variationen von y zu 100 % auf die Variationen von x zurückführen, würde eine Prognose durch die Regressionsgerade immer zutreffen (was eine reine Fiktion ist).

Für unsere Vater-Sohn-Daten beträgt der Determinationskoeffizient $R^2 \approx 0{,}2665$. Demnach werden für diesen Datensatz fast 27 % der Variationen in der Körpergröße der Söhne durch die Unterschiede in der Körpergröße ihrer Väter erklärt[2].

Korrelationskoeffizient

Häufig lernen Studienanfänger den Korrelationskoeffizienten im Rahmen der Zusammenhangsmaße kennen, meistens bevor die lineare Regression eingeführt wird. Vermutlich liegt der falsche Schluss, eine hohe Korrelation sei ein Hinweis auf einen linearen Zusammenhang, in dieser Reihenfolge der Einführung und der Abkoppelung des Begriffes *Korrelation* von der linearen Regression.

Richtig ist jedoch, dass man aus einem Korrelationskoeffizienten ungleich Null nicht automatisch eine lineare Abhängigkeit ableiten kann. Anscombe (1918–2001), ein englischer Statistiker, konstruierte in seinem Beitrag *Graph in Statistical Analysis* aus dem Jahr 1973 vier Datensätze (auch als *Anscombe-Quartett* bekannt), die unterschiedliche Strukturen aufweisen und trotzdem einen gleich großen Korrelationskoeffizienten erzeugen. Damit hat er deutlich gezeigt, dass $r \neq 0$ notwendig, aber nicht hinreichend für eine lineare Abhängigkeit ist. Eine Korrelationsrechnung ist angebracht, wenn man sichergestellt hat, dass eine lineare Abhängigkeit vorliegt. Mit dem Korrrelationskoeffizienten lässt sich dann das Ausmaß dieser Abhängigkeit angeben. Vor diesem Hintergrund empfiehlt es sich, den Korrelationskoeffizienten im Rahmen der linearen Regression vorzustellen.

[2]Verwandt mit R^2 ist das Konstrukt *Heritabilität* (Erblichkeit) in der Genetik. Diese ist definiert als der Anteil der Genvarianz an der Gesamtvarianz, wenn man davon ausgeht, dass die gesamte Varianz eines interessierenden Merkmals sich aus Gen- und Umweltvarianz zusammensetzt.

Korrelation und Abhängigkeit

Der Korrelationskoeffizient r erfasst ausschließlich den linearen Zusammenhang. Zwischen zwei miteinander unkorrelierten Variablen kann trotzdem eine stochastische Abhängigkeit bestehen, zum Beispiel eine quadratische; in diesem Fall ist (trotz der Abhängigkeit) $r = 0$. Eine sinnvolle Anwendung der linearen Abhängigkeit und damit des Korrelationskoeffizienten r setzt voraus, dass die untersuchten Variablen mindestens intervallskaliert sind. Dagegen beschränkt sich die Gültigkeit der Abhängigkeitsdefinition nicht auf ein bestimmtes Skalenniveau. Als stochastisch unabhängig werden zwei Variablen bezeichnet, wenn das Eintreten der einen die Wahrscheinlichkeit für das Eintreten der anderen Variablen nicht beeinflusst (die exakte Definition können Leser in den gängigen Statistik-Lehrbüchern finden).

Versuchsplanung, Korrelation und Kausalität

Walter Krämer, Professor für Statistik an der TU Dortmund, stellt fest (Krämer 2011, S. 167), dass eine Korrelation oft als Zeichen für eine Ursache-Wirkungs-Beziehung gedeutet wird. Das ist jedoch nicht immer der Fall. Robert Matthews führt in seinem Artikel *Storks Deliver Babies (p = 0.008)* (Matthews 2000) überzeugend Folgendes vor: Mit einem p-Wert von 0,008 besteht zwischen der Anzahl der Storchenpaare und der Geburtenrate eine signifikante positive Korrelation. Sicherlich wird niemand behaupten, dass Störche die Babys zur Welt bringen! Ebenso wird niemand glauben, dass der Dow-Jones-Index in den 1960-er Jahre stieg, *weil* die Frauen kurze Röcke trugen. Damals wurde nämlich festgestellt, dass zwischen Rocklängen der Frauen und dem Dow eine negative Korrelation bestand[3].

Wie können wir nun die Wirkung einer Einflussvariablen auf die Zielvariable systematisch untersuchen, so dass am Ende der Forschung – wir zitieren noch einmal Fisher – die Aussage „Either there is something in the treatment, or a coincidence has occurred …“ steht? Wie gehen wir vor, damit eine inhaltlich relevante und zugleich statistisch untermauerte Wenn-Dann-Aussage möglich ist? Die Antwort ist: Eine *sorgfältige* Planung der Studie bzw. des Experiments.

Zum Thema *Versuchsplanung* ist das nach wie vor aktuelle Buch *The Design of Experiments* von Fisher zu empfehlen. Es wurde in 9 Auflagen von dem Erscheinungsjahr 1935 bis 1971 gedruckt. Dass das Buch an Aktualität nichts eingebüßt hat, beweist das im Jahre 1990 erschienene Einband *Statistical Methods, Experi-*

[3]http://www.michael-giesecke.de/methoden/dokumente/09_ergebnisse/exzerpt/09_exc_desmond_morris_der_mensch_mit_dem_wir_leben.htm.

mental Design and Scientific Inference, das die drei Hauptwerke Fishers vereinigt. Aus neuerer Zeit und gut lesbar ist zum Beispiel das Buch *How to Design and Report Experiments* der Autoren Field und Hole (2003).

Prognoseintervalle

7

Nachdem wir die Regressionsgerade $\hat{y} = \hat{a} + \hat{b}x$ bestimmt und uns vergewissert haben, dass die Anpassung angemessen ist, können wir einen x-Wert vorgeben und für diesen Wert mithilfe der Geraden den y-Wert vorhersagen. Söhne von Vätern mit einer Körpergröße von 80 Inches werden laut unserem Modell im Mittel $\hat{y} = 36{,}54 + 0{,}48 \cdot 80 = 74{,}86$ Inches groß sein.

Gewöhnlich gibt man jedoch nicht nur einen einzigen Wert für die Zukunft an, sondern ein Intervall, das Toleranzgrenzen um den vorhergesagten Wert $\hat{y}$ mit berücksichtigt. Man bildet also ein Konfidenzintervall. Nachfolgend wollen wir das Modell für die Bildung eines Konfidenzintervalls für den Erwartungswert von y und eines Prognoseintervalls für die Zielvariable y selbst anwenden.

Konfidenzintervall für $E(y_p)$

Für einen gegebenen Wert x_p ist $\hat{y}_p = \hat{a} + \hat{b}x_p$ ein Schätzwert für den Erwartungswert $E(y_p)$ (bei gegebenem x_p). Da die nach der KQ-Methode geschätzte Regressionsgerade $\hat{y}$ für $E(y) = a + bx$ unverzerrt ist, dürfen wir erwarten, dass $\hat{y}_p$ im Mittel $E(y_p)$ weder unter- noch überschätzt, kurz:

$$E(\hat{y}_p) = E(y_p) = a + bx_p$$

Die Varianz ist

$$Var(\hat{y}_p) = \sigma^2\left[\frac{1}{n} + \frac{(x_p - \bar{x})^2}{\sum_{i=1}^{n}(x_i - \bar{x})^2}\right]$$

(die Herleitung findet man zum Beispiel in Johnston 1963). Die Varianz ist unbekannt, da sie das unbekannte σ^2 enthält. Ersetzen wir es durch dessen Schätzer $\hat{\sigma}^2$, erhalten wir

I. Frost, *Einfache lineare Regression*, essentials,
https://doi.org/10.1007/978-3-658-19732-2_7

$$\widehat{Var(\hat{y}_p)} = \hat{\sigma}^2\Big[\frac{1}{n} + \frac{(x_p - \bar{x})^2}{\sum_{i=1}^{n}(x_i - \bar{x})^2}\Big]$$

als Schätzer für $Var(\hat{y}_p)$. Da der Ausdruck

$$\frac{\hat{y}_p - E(y_p)}{\hat{\sigma}\sqrt{\frac{1}{n} + \frac{(x_p-\bar{x})^2}{\sum_{i=1}^{n}(x_i-\bar{x})^2}}}$$

t-verteilt mit $n-2$ Freiheitsgraden ist, gilt (c steht wieder für das $(1-\alpha/2)$-Quantil der t-Verteilung mit $n-2$ Freiheitsgraden):

$$P\Bigg(-c \leq \frac{\hat{y}_p - E(y_p)}{\hat{\sigma}\sqrt{\frac{1}{n} + \frac{(x_p-\bar{x})^2}{\sum_{i=1}^{n}(x_i-\bar{x})^2}}} \leq c\Bigg) = 1 - \alpha$$

Daraus ergibt sich das $(1-\alpha)$-Konfidenzintervall für den Erwartungswert $E(y_p)$ bei gegebenem x_p:

$$\hat{y}_p \pm c \cdot \hat{\sigma}\sqrt{\frac{1}{n} + \frac{(x_p - \bar{x})^2}{\sum_{i=1}^{n}(x_i - \bar{x})^2}}$$

Zur Illustration setzen wir das Beispiel mit den 80 Inches großen Vätern fort ($x_p = 80$). Wie oben berechnet wurde, ist $\widehat{E(y_p)} = 74{,}86$. Definieren wir nun ein Konfidenzniveau von $1-\alpha = 0{,}95$ und berücksichtigen wir den Toleranzbereich $\pm c \cdot \hat{\sigma}\sqrt{1/n + (x_p - \bar{x})^2/\sum_{i=1}^{n}(x_i - \bar{x})^2}$, erhalten wir [71,48; 78,23] als Konfidenzintervall für den Erwartungswert $E(y_p)$. Das heißt: Wenn der Vater 80 Inches groß ist, werden die Söhne im Mittel zwischen 71,48 und 78,23 Inches groß sein.

Konfidenzintervall für y_p

Wir haben oben ein Konfidenzintervall für $E(y_p)$, wenn x_p vorgegeben wird. Manchmal wollen wir aber auch wissen, welche Werte die Zielvariable selbst in Zukunft haben kann, wenn die Einflussvariable den Wert x_p annimmt.

Laut Modell gelten für ein Beobachtungspaar (x_p, y_p): $y_p = a + bx_p + u_p$ und $\hat{y}_p = \hat{a} + \hat{b}x_p$, woraus $y_p - \hat{y}_p = (a - \hat{a}) + (b - \hat{b})x_p + u_p$ folgt. Für diese Differenz gilt nach Voraussetzung $E(y_p - \hat{y}_p) = E(u_p) = 0$ und die Varianz ist (den Beweis kann man ebenfalls in Johnston 1963 nachlesen):

$$Var(y_p - \hat{y}_p) = \sigma^2\left[1 + \frac{1}{n} + \frac{(x_p - \bar{x})^2}{\sum_{i=1}^n (x_i - \bar{x})^2}\right]$$

Ihre Schätzung (mit $\hat{\sigma}^2$ an Stelle von σ^2) ist:

$$\widehat{Var(y_p - \hat{y}_p)} = \hat{\sigma}^2\left[1 + \frac{1}{n} + \frac{(x_p - \bar{x})^2}{\sum_{i=1}^n (x_i - \bar{x})^2}\right]$$

Die Zufallsvariable

$$\frac{y_p - \hat{y}_p}{\hat{\sigma}\sqrt{1 + \frac{1}{n} + \frac{(x_p - \bar{x})^2}{\sum_{i=1}^n (x_i - \bar{x})^2}}}$$

ist ebenfalls t-verteilt mit $n - 2$ Freiheitsgraden. Nach den gleichen Überlegungen wie oben erhalten wir das Konfidenzintervall für y_p bei gegebenem x_p gemäß:

$$\hat{y}_p \pm c \cdot \hat{\sigma}\sqrt{1 + \frac{1}{n} + \frac{(x_p - \bar{x})^2}{\sum_{i=1}^n (x_i - \bar{x})^2}}$$

Dabei ist c das $(1 - \alpha/2)$-Quantil der t-Verteilung mit $n - 2$ Freiheitsgraden. Bleiben wir für ein Zahlenbeispiel bei $1 - \alpha = 0{,}95$ und $x_p = 80$ Inches, umfasst das Prognoseintervall für die Körpergröße der Söhne alle Werte zwischen 68,43 und 81,28 Inches.

Die beiden Konfidenzintervalle sind einander sehr ähnlich. Das Prognoseintervall für die Zielvariable y_p ist etwas länger als das Konfidenzintervall für deren Erwartungswert $E(y_p)$, und allgemein gilt: Je weiter der gewählte Wert der Einflussvariablen vom Mittelwert $\bar{x}$ entfernt liegt, desto breiter wird das Prognoseintervall.

8 Zusammenfassung

In diesem *essential* haben wir die simpelste Form der Regressionsmodelle mit zwei metrischen Variablen kennengelernt. Die kleinste Quadrate-Methode wird zur Schätzung der Regressionskoeffizienten verwendet. Die Modellannahmen werden hauptsächlich grafisch überprüft. Weitere Verfahren wie der Breusch-Pagan-Test auf Heteroskedastizität oder der Durbin-Watson-Test auf Autokorrelation würden den vorgesehenen Rahmen sprengen. Leser, die sich dafür interessieren, seien auf beispielsweise Johnston (1963) oder Fahrmeir et al. (2009) und die dort angegebene Literatur verwiesen.

Weiter haben wir die Zuverlässigkeit des geschätzten Modells untersucht. Dazu werden statistische Kennzahlen wie Korrelations- und Determinationskoeffizienten herangezogen. Der Determinationskoeffizient gibt den Anteil der Variationen der Zielvariablen wieder, der durch die Variationen der Einflussvariablen erklärbar ist. Der Korrelationskoeffizient ist ein Gradmesser für die Stärke einer linearen Abhängigkeit. Dieser kann Werte zwischen -1 und $+1$ annehmen. Je näher der Korrelationskoeffizient betragsmäßig dem Wert Eins ist, desto stärker ist der lineare Zusammenhang. Wie Anscombe (1973, vgl. Abschn. **Korrelationskoeffizient,** Kap. 6) deutlich vorgeführt hat, darf ein Korrelationskoeffizient ungleich null nicht als Hinweis auf einen linearen Zusammenhang gedeutet werden.

Aus einer Korrelation kann man auch nicht ohne weiteres auf eine Ursache-Wirkungs-Beziehung schließen. Eine Korrelation zeigt nur, dass zwei Variablen sich in die gleiche oder in die entgegengesetzte Richtung bewegen. Dies kann durch eine dritte Variable verursacht werden. Aus einer positiven Korrelation zwischen Laufgeschwindigkeit und Körpergewicht von Kindern kann man zwar die Aussage „Je schwerer ein Kind ist, desto schneller läuft es" herleiten; dennoch ist das Mehrgewicht der Kinder mit Sicherheit nicht die Ursache der steigenden Laufgeschwindigkeit. Die positive Korrelation ensteht eher aufgrund einer Drittvariablen, nämlich dem Alter der Kinder (je älter ein Kind ist, desto mehr wiegt es in der Regel,

I. Frost, *Einfache lineare Regression*, essentials,
https://doi.org/10.1007/978-3-658-19732-2_8

und gleichzeitig läuft es mit steigendem Alter im allgemeinen schneller). Eine Korrelation kann aber auch rein zufällig auftreten wie etwa bei den Störchen und dem Babyboom (vgl. Abschn. **Versuchsplanung, Korrelation und Kausalität,** Kap. 6).

Für die Inferenz kommen t-Tests und Konfidenzintervalle zum Einsatz. Dafür wird eine (näherungsweise) Normalverteilung der Fehlervariablen vorausgesetzt. Getestet wird insbesondere, ob die Geradensteigung signifikant ungleich Null ist. Eine Steigung gleich Null würde bedeuten, dass die exogene Variable gar keinen Einfluss ausübt (die Gerade verläuft parallel zur x-Achse).

Schließlich wird das Ergebnis, also die Regressionsgerade, für eine Prognose bzw. Prognoseintervalle der Zielvariablenwerte eingesetzt. Die Breite des Prognoseintervalls wächst, je weiter der gewählte Wert x_p vom Mittelwert $\bar{x}$ entfernt liegt.

In der Praxis mag die einfache lineare Regression begrenzt einsetzbar sein. Das Verständnis dieses einfachen Modells kann jedoch den Einstieg in leistungsfähigere Modelle erleichtern. Zu solchen gehören zum Beispiel das multiple lineare Modell, in dem mehrere Einflussgrößen berücksichtigt werden, das Logit-Modell, bei dem die Zielvariable binär ist, oder die Generalisierten Linearen Modelle (GLM), die auch für nicht normalverteilte oder kategoriale Zielgrößen geeignet sind. Das bereits erwähnte Buch von Fahrmeir et al. (2009) gibt einen Überblick und nennt weitere Literatur.

Auch wenn oben von der begrenzten Einsatzmöglichkeit des besprochenen Modells die Rede ist, soll hier abschließend eine wichtige Anwendung in den Sozialwissenschaften nicht unerwähnt bleiben. Dort kennt man die klassische Testtheorie, in der unterstellt wird, dass der Zusammenhang zwischen Messinstrumenten und theoretischen Konstrukten linear ist. Dieser Zusammenhang wird durch Messfehler additiv überlagert. Zu diesem Thema sind beispielsweise das Buch *Empirische Sozialforschung* von Diekmann (2013) sowie der Klassiker *Testaufbau und Testanalyse* der Autoren Lienert und Ratz (1998) zu empfehlen.

Was Sie aus diesem *essential* mitnehmen können

- Einfache lineare Regression als Basis für komplexe Modelle
- Die Methode der kleinsten Quadrate zur Schätzung der Modellparameter
- Residuenanalyse in der Modelldiagnose
- Korrelationskoeffizient als eine Maßzahl für die Stärke eines linearen Zusammenhangs
- Prognoseintervalle

I. Frost, *Einfache lineare Regression*, essentials,
https://doi.org/10.1007/978-3-658-19732-2

Literatur

1. Aldrich J (2005) Fisher and regression. Stat Sci 20(4):401–417
2. Anscombe FJ (1973) Graph in statistical analysis. Am Sat 21(1):17–21
3. Bortz J, Schuster C (2010) Statistik für Human- und Sozialwissenschaftler, 7. Aufl. Springer, Heidelberg
4. Diekmann A (2013) Empirische Sozialforschung. Grundlagen Methoden Anwendungen, 7. Aufl. Rowohlt, Hamburg
5. Fahrmeir L, Kneib T, Lang S (2009) Regression. Modelle, Methoden und Anwendungen, 2. Aufl. Springer, Heidelberg
6. Fahrmeir L, Künstler R, Pigeot I, Tutz G (2011) Statistik. Der Weg zur Datenanalyse, 7. Aufl. Springer, Heidelberg
7. Field A (2014) Discovering statistics using IBM SPSS STATISTICS, 4. Aufl. Sage, Los Angeles
8. Field A, Hole G (2003) How to design and report experiments. Sage, London
9. Fisher RA (1922) The Goodness of fit of regression formulae, and the distribution of regression coefficients. J Roy Stat Soc 95:597–612
10. Fisher RA (1926) The arrangement of field experiments. J Ministry Agric Great Br 33:503–513
11. Fisher RA (1934) Statistical methods for research workers, 5th edn. Oliver & Boyd, Edinburgh
12. Fisher RA (1990) Statistical methods, experimental design and scientific inference. OUP, New York
13. Frost I (2015) Statistik für Wirtschaftswissenschaftler. Grundlagen und praktische Anwendungen. 2. Aufl. expert verlag
14. Frost I (2017) Statistische Testverfahren. Signifikanz und p-Werte, Springer VS, Wiesbaden
15. Johnston J (1963) Econometric methods. McGraw-Hill, New York
16. Keller G (2009) Managerial statistics. 8. Aufl. South-Western Cengage Learning, Stamford
17. Krämer W (2011) So lügt man mit Statistik, 2nd edn. Piper, München
18. Lehmann EL (2011) Fisher, Neyman, and the creation of classical statistics. Springer, New York
19. Lienert GA, Ratz U (1998) Testaufbau und Testanalyse, 6th edn. Beltz, Weinheim
20. Matthews R (2000) Storks deliver babies (p = 0.008). Teach. Stat 22(2):36–38

I. Frost, *Einfache lineare Regression*, essentials,
https://doi.org/10.1007/978-3-658-19732-2

21. Morris D (1981) Der Mensch, mit dem wir leben. http://www.michael-giesecke.de/methoden/dokumente/09_ergebnisse/exzerpt/09_exc_desmond_morris_der_mensch_mit_dem_wir_leben.htm. Zugegriffen: 01. Sept. 2014
22. Pearson K (1896) Mathematical contributions to the theory of evolution. III. Regression, heredity and panmixia. Philos Trans Roy Soc Lond 187:253–318
23. Rüger B (1996) Induktive Statistik, 3rd edn. Oldenbourg, München
24. Schira J (2009) Statistische Methoden der VWL und BWL. 3. Aufl. Pearson Studium
25. Stanton JM (2001) Galton, pearson, and the peas: A brief history of linear regression for statistics instructors. J Stat Educ 9(3):1–16